*Fernand Papillon*

# La Constitution de la matière et le dynamisme spiritualiste

*Essai*

## Table de Matières

| | |
|---|---|
| **Introduction** | 6 |
| **Section I** | 7 |
| **Section II** | 16 |
| **Section III** | 24 |
| **Notes** | 29 |

## Introduction

Quoi qu'en disent les empiriques et les utilitaires, il y a des certitudes en dehors de la méthode expérimentale, et des progrès en dehors, des applications brillantes ou bienfaisantes. L'esprit humain peut employer son énergie, travailler d'accord avec la raison et découvrir des vérités réelles dans une sphère aussi supérieure à celle des laboratoires ou de l'industrie que celle-ci l'est elle-même à la région des arts les plus grossiers. Bref, il y a un temple de lumière dont ni le calcul ni l'expérience n'ouvrent les portes à l'âme, et où pourtant l'âme pénètre avec autorité et sûreté, quand elle a gardé la conscience de ses souveraines prérogatives. Quand les savants de profession, mieux renseignés sur l'intime association de la métaphysique et de la science, d'où est sortie la connaissance moderne de la nature, mieux instruits des lois nécessaires du conflit de la raison avec l'immense inconnu, conviendront-ils qu'il y a des réalités en dehors de celles qu'ils atteignent ? Quand la science, au lieu de la prétentieuse indifférence qu'elle affecte en face de la philosophie, confessera-t-elle l'inappréciable fécondité de celle-ci ? Peut-être l'heure de cette conciliation si désirable est-elle moins éloignée que beaucoup de personnes ne le croient ; du moins chaque jour nous en rapproche. L'esprit de Descartes ne pourra manquer de susciter bientôt quelque génie assez puissant pour restaurer chez nous le goût et le crédit de la pensée dans tous les départements de l'activité scientifique. Si délaissées qu'y soient aujourd'hui les grandes abstractions, elles ne le sont pas assez, Dieu merci, pour empêcher l'ardent des études et le succès des écrits relatifs à un problème de la constitution de la matière. De fait, voilà une question qui depuis un certain nombre d'années préoccupe quelques-uns de nos savants et de nos penseurs aussi vivement que la majorité de ceux du reste de l'Europe, une question qui atteste avec une éloquence toute particulière que, si les philosophes sont tenus de faire des emprunts nombreux à la science, celle-ci ne s'épure, ne s'élève et ne se fortifie qu'en s'inspirant et en reconnaissant combien elle est inséparable de la considération abstraite des causes cachées et des premiers principes.

Fernand Papillon

## Section I

La matière se présente sous des aspects très divers. Considérons-la dans sa plus grande complexité, dans le corps humain par exemple. La dissection ordinaire y distingue des organes, lesquels peuvent être résolus en tissus. La dissociation de ces derniers fournit des éléments anatomiques dont l'analyse immédiate extrait un certain nombre de principes chimiques. L'œuvre de l'anatomiste s'arrête ici. Le chimiste intervient et reconnaît dans ces principes des espèces définies provenant de la combinaison, en proportions terminées et invariables, à un certain nombre de principes indécomposables, substantiellement indestructibles, et auxquels il donne le nom de corps simples. Le carbone, l'azote, l'oxygène, l'hydrogène, le soufre, le phosphore, le calcium, le fer, qui marquent ainsi la limite de l'analyse expérimentale des êtres les plus complexes, sont des corps simples, c'est-à-dire les radicaux primordiaux et irréductibles de la trame des choses.

On sait aujourd'hui que la matière n'est pas indéfiniment divisible, et que les plus petites parties des différents corps simples qui existent dans les composés naturels n'ont pas toutes la même dimension, ni le même poids. La chimie est arrivée, par une série d'analyses et de mesures, à déterminer les poids respectifs des atomes des différents éléments, c'est-à-dire à fixer, en prenant pour unité l'atome de l'élément le plus léger, l'hydrogène, les poids des atomes qui équivalent dans les diverses combinaisons à cette unité conventionnelle. Bien que quelques savants persistent à considérer les poids atomiques comme de simples rapports et l'existence des atomes comme un pur artifice logique, il semble plus rationnel d'admettre, avec la majorité de ceux qui ont examiné de près ce difficile problème, que ces atomes sont des réalités effectives, encore qu'il soit très malaisé d'en évaluer exactement les dimensions absolues. En tout cas, on peut affirmer que ces dimensions sont de beaucoup inférieures à celles que présentent les particules de la matière soumise aux procédés de division les plus puissants et les plus subtils, ou décomposée par imagination dans ses éléments les plus ténus. « Que l'homme, dit Pascal, recherche dans ce qu'il connaît les choses les plus délicates : qu'un ciron par exemple lui offre dans la petitesse de son corps des parties incomparablement plus petites, des jambes avec des jointures, des veines dans ces jambes, du sang dans ces veines, des humeurs dans ce sang, des gouttes dans ces humeurs, — que, divisant encore ces dernières choses, il épuise ses forces et ses conceptions, et que le dernier objet où il puisse arriver soit maintenant céleri de notre discours ; il pensera peut-être que c'est là l'extrême petitesse de la nature. Je veux lui faire voir là dedans un abîme nouveau. Je veux lui peindre non-seulement l'univers visible, mais encore tout ce qu'il est capable de concevoir, l'immensité de la nature dans l'enceinte de cet atome imperceptible ! » Pascal montre ici un sentiment aussi juste que profond de l'infiniment petit, et il est intéressant de remarquer combien les révélations étonnantes du monde microscopique ont justifié ses prévisions éloquentes ; mais combien ce monde microscopique, dont les plus petits représentants, tels que les vibrions et les bactéries, n'ont guère moins d'un dix-millième de millimètre, combien ce monde est grossier en comparaison des particules qu'exhalent les corps odorants et les quantités extraordinairement petites que la chimie, la physique et la mécanique mesurent aujourd'hui sans les voir, ou dont elles rendent l'existence manifeste sans les saisir ! M. convient de citer quelques exemples qui en donneront une idée.

D'après M. Tyndall, quand des particules solides très petites, plus petites que les ondes lumineuses, sont répandues dans un milieu traversé par la lumière, celle-ci est décomposée de telle sorte que les moindres ondes (ondes bleues) prédominent dans les rayons réfléchis, et les plus grandes ondes (ondes rouges) dans les rayons transmis. Cet ingénieux physicien explique ainsi que la couleur bleue du ciel doit tenir et tient à l'existence de particules solides, extrêmement ténues, répandues en nombre infini dans l'atmosphère. M. Tyndall n'est pas éloigné de penser que ces parcelles imperceptibles pourraient bien n'être que les germes des organismes microscopiques dont les travaux de M. Pasteur ont démontré la présence dans l'atmosphère et le rôle dans les phénomènes de putréfaction et de fermentation. Les œufs de ces êtres, qui, parvenus à leur complet développement, sont à peine visibles au microscope, et dont le nombre, révélé par les témoignages les plus décisifs, déconcerte l'imagination la moins timide, — tels seraient les éléments de cet éther vital, comme nous l'avons nommé, de cette poussière qui donne à la coupole du ciel sa douce teinte d'azur. « Il existe, dit en résumé. M. Tyndall, dans l'atmosphère des parcelles matérielles qui échappent au microscope et à la balance, qui n'obscurcissent pas l'air, et s'y trouvent néanmoins en si grande multitude que l'hyperbole israélite du nombre des grains de sable de la mer devient insignifiante en comparaison. » Et pour donner une idée de la petitesse de ces parcelles, M. Tyndall ajoute qu'en les condensant on pourrait les faire tenir toutes dans une valise de dame. Évidemment ces particules échappent à toute sorte d'observation et de mensuration directes. On n'en peut pas plus démontrer la réalité objective qu'on ne peut rendre manifeste celle des particules d'éther. Voici cependant des faits qui permettent de la concevoir nettement. Dissolvons 1 gramme de résine dans une centaine de grammes d'alcool, puis versons la dissolution limpide dans un grand flacon plein d'eau claire que nous agiterons vivement. La résine est précipitée sous forme d'une invisible et impalpable poussière qui ne trouble pas sensiblement le liquide. Si l'on vient ensuite à placer une surface noire derrière le flacon, et à faire arriver de la lumière soit par en haut, soit par devant, le liquide paraît bleu de ciel. Cependant, lorsqu'on examine avec les plus puissants microscopes ce mélange d'eau et d'alcool rempli de poussière résineuse, on n'aperçoit rien. La dimension des grains de cette poussière est de beaucoup inférieure à un dix-millième de millimètre. M. Morren a fait une autre expérience qui atteste d'une façon plus saisissante encore l'extrême divisibilité de la matière. Le soufre et l'oxygène forment une combinaison intime que les chimistes appellent le gaz acide sulfureux. C'est ce gaz incolore et suffocant qui se dégage quand on brûle une allumette soufrée. M. Morren enferme une certaine quantité de ce gaz dans un récipient, place le tout dans un milieu obscur, et fait passer au travers un rayon de lumière vive. Tout d'abord on ne voit rien. Bientôt cependant, sur le passage du rayon lumineux, on observe une belle couleur bleue. C'est que le gaz est décomposé par les ondes lumineuses et que des parcelles invisibles de soufre sont mises en liberté, lesquelles à leur tour décomposent la lumière. La vapeur bleuit de plus en plus, puis elle devient blanchâtre, enfin un nuage blanc prend naissance. Les parcelles qui constituent ce nuage sont encore individuellement invisibles, même avec de forts microscopes, et cependant elles sont infiniment plus grosses que les atomes primitifs auxquels était dû le bleu de firmament qui s'est montré tout d'abord dans le récipient. On passe, dans cette expérience, avec une continuité parfaite, de l'atome libre de soufre séparé de l'atome d'oxygène par les ondes de l'éther, à une masse qui tombe sous les sens ; mais, si cette masse est composée de molécules libres qui défient les plus puissants grossissements, que devaient être les parcelles qui ont engendré ces molécules elles-mêmes !

Un dernier fait d'un autre ordre complétera ces preuves de la petitesse des éléments matériels, lorsqu'on verse dans une solution limpide de sulfate de potasse une solution également claire de sulfate d'alumine, le mélange se trouble aussitôt, et au bout de quelques secondes on voit apparaître dans la liqueur des myriades de petits cristaux scintillants comme des diamants, et qui ne sont autre chose que des cristaux d'alun. Si l'on suppose le diamètre de ces cristaux égal à 1 millimètre, il résultera de cette expérience que dans l'espace de quelques secondes il a pu se produire des cristaux contenant des milliards de molécules composées chacune de quatre-vingt-quatorze atomes et groupées avec une admirable harmonie. Les mouvements des atomes chimiques se font sous l'influence des mêmes forces que les mouvements des énormes agglomérations atomiques qu'on appelle des astres. La révolution d'un soleil autour d'un autre soleil dure mille ans, tandis que les atomes en voie de combinaison en exécutent des centaines de millions dans la millionième partie d'une seconde.

M. Thomson est arrivé, par des considérations et des calculs variés et délicats, à reconnaître que, dans les liquides et les solides transparents ou translucides, la distance moyenne des centres de deux atomes contigus est comprise entre un dix-millionième et un deux-cent-millionième de millimètre. Il est difficile de se représenter exactement d'aussi petites dimensions dont rien, parmi les objets qui affectent notre sensibilité, ne saurait nous donner une idée. M. Thomson pense que la comparaison suivante peut servir à les apprécier. Si l'on se figure une sphère du volume d'un pois grossie presqu'à égaler le volume de la terre, et les atomes de cette sphère grossis dans la même proportion, ceux-ci auront alors un diamètre supérieur à celui d'un grain de plomb et inférieur à celui d'une orange. En d'autres termes, un atome est à une sphère de la dimension d'un pois ce qu'une pomme est au globe terrestre. Par des arguments tout différents, les uns tirés de l'étude des molécules chimiques y les autres déduits des phénomènes de capillarité, M. Gaudin a établi, pour la dimension des plus petites particules matérielles, des chiffres très voisins de ceux de M. Thomson. La distance maximum des atomes chimiques entre eux dans les molécules est un dix-millionième de millimètre. M. Gaudin essaie, comme M. Thomson, de donner quelque idée sensible de la petitesse vraiment étourdissante d'une semblable dimension. Il calcule, d'après. ce chiffre, le nombre des atomes chimiques contenus dans le volume d'une tête d'épingle à peu près, et il trouve que ce nombre doit être représenté par le chiffre 8 suivi-de vingt et un zéros, — de sorte que, si l'on voulait compter le nombre des atomes métalliques contenus dans une grosse tête d'épingle, en en détachant chaque seconde par la pensée un milliard, il faudrait continuer cette opération pendant plus de deux cent cinquante mille ans.

Il y a donc des atomes dans la matière, et l'atomisme est une vérité du moment où il se contente d'affirmer l'existence des atomes ; mais ceux-ci ne sont pas les vrais principes, les ingrédients simples et irréductibles du monde. Après avoir décomposé la matière sensible en atomes, il faut soumettre ces derniers à une analyse du même ordre. Considérons donc deux atomes hétérogènes quelconques, un atome d'hydrogène et un atome de fer par exemple, et recherchons en quoi ils peuvent réellement, essentiellement différer l'un de l'autre. Qu'est-ce qui au fond distingue vraiment ces deux atomes, en tant qu'atomes ? Ce ne sont ni les propriétés de figure, de solidité, de liquidité, de dureté, de sonorité, d'éclat, puisque ces propriétés dépendent manifestement de l'arrangement et de la disposition des atomes entre eux, c'est-à-dire puisqu'elles sont relatives non pas à l'individualité de chacun des atomes, mais à celle de l'ensemble qu'ils forment en s'agglomérant. Ce ne sont pas non plus les propriétés calorifiques, optiques, électriques, magnétiques, puisque ces propriétés résultent des mouvements de l'éther, au sein du groupement plus ou moins compliqué des atomes respectifs de ces deux substances. Or, si ces atomes, pris individuellement, ne diffèrent l'un de l'autre par aucune des propriétés qui viennent d'être énumérées, ils ne peuvent être dissemblables que sous le rapport de deux attributs, la dimension et le poids ; mais la différence de poids résulte de la différence de dimension, et celle-ci est non pas qualitative, mais simplement quantitative [1]. Par conséquent, deux atomes hétérogènes quelconques comparés l'un à l'autre, comme atomes, n'ont presque aucun des attributs différentiels propres aux groupements qu'ils constituent en s'agrégeant, et ne représentent que deux fonctions distinctes, deux valeurs différentes d'une même matière initiale, d'une même qualité ou énergie primitive. Cette démonstration simple établit l'unité de substance non comme une hypothèse physique plus ou moins plausible, mais comme une certitude métaphysique aussi indéniable que nécessaire. Si maintenant nous ajoutons, quitte à en donner plus tard la démonstration, que la dimension, l'étendue corporelle elle-même, ainsi que l'avait dit Leibniz et que l'a récemment démontré M. Magy, n'est qu'une résultante de la force, il sera évident que la matière se réduit en dernière analyse à de la force.

M. Tyndall, dans sa biographie de Faraday, nous dit qu'une des expériences favorites de ce physicien fournit une image fidèle de ce qu'il était. « Il aimait à faire voir que l'eau, en cristallisant, élimine toutes les matières étrangères, si intimement mêlées qu'elles puissent être avec elle. Séparé de toutes les impuretés, le cristal devient clair et limpide. » Cette expérience est surtout l'image fidèle de ce qu'était Faraday comme métaphysicien. Rien n'avait pour lui le charme de ces régions claires et limpides où la science, débarrassée d'impuretés, apparaissait à son grand esprit dans tout l'éclat de sa splendeur et de sa puissance. Il s'y abandonnait avec une spontanéité absolue. Il aimait particulièrement à méditer le problème qui nous occupe en ce moment. « Que savons-nous de l'atome en dehors de la force ? s'écrie-t-il. Vous imaginez un noyau qu'on peut appeler $a$, et vous l'environnez de forces qu'on peut appeler $m$ ; pour mon esprit, votre $a$ ou noyau s'évanouit et la substance consiste dans l'énergie de $m$. En effet, quelle idée pouvons-nous nous former du noyau indépendant de son énergie ? » D'après lui, la matière remplit tout l'espace, et la gravitation n'est pas autre chose qu'une des forces essentiellement constitutives de la matière, peut-être même la seule. Un chimiste éminent, M. Henri Sainte-Claire Deville, a déclaré tout récemment que, lorsque les corps réputés simples se combinent les uns avec les autres, ils disparaissent, ils sont individuellement anéantis. Par exemple, il n'y a selon lui, dans le sulfate de cuivre, ni soufre, ni oxygène, ni cuivre. Soufre, oxygène et cuivre sont constitués chacun par un système distinct de vibrations définies d'une énergie, d'une substance unique. Le composé sulfate de cuivre répond à un système différent dans lequel se confondent les mouvements qui engendraient les individualités respectives des éléments soufre, oxygène et cuivre. Il y a longtemps d'ailleurs que M. Berthelot s'était exprimé d'une façon identique. Dès 1864, ce savant disait que les atomes des corps simples pourraient être constitués d'une même matière, distinguée seulement par la nature des mouvements. qui l'animent. Cette parole si nette, un grand nombre de savants et de philosophes en France et à l'étranger l'ont répétée et la répètent encore, avec raison, comme l'expression d'une vérité solide.

Si les plus petites parties que nous puissions concevoir et distinguer dans les corps ne diffèrent les unes des autres que par la nature des mouvements auxquels elles sont soumises, si le mouvement seul règle et détermine la variété des attributs divers qui caractérise ces atomes, si en un mot l'unité de matière existe, — et il faut qu'elle existe, — qu'est-ce que cette matière fondamentale et première, d'où procèdent toutes les autres ? Comment nous la représenter ? Tout porte à croire qu'elle ne se distingue pas essentiellement de l'éther, qu'elle consiste en atomes d'éther plus ou moins fortement agrégés. On objecte que l'éther est impondérable ; mais c'est là une objection sans fondement. Sans doute on ne peut pas le peser : pour cela, il faudrait comparer un espace plein d'éther avec un espace vide d'éther ; or nous sommes dans une manifeste impuissance d'isoler ce subtil agent, dont les atomes s'entre-équilibrent avec une parfaite égalité dans tout l'univers. Beaucoup de faits cependant en attestent la prodigieuse élasticité. La foudre qui éclate n'est pas autre chose qu'une perturbation dans l'équilibre de l'éther, et qui oserait prétendre que la foudre n'accomplit pas un travail énorme ? Quoi qu'il en soit, il est impossible de concevoir les énergies qui constituent l'atome autrement que comme de la force pure, et l'éther lui-même, dont la physique tout entière démontre indubitablement l'existence, ne peut pas être défini autrement que par les attributs de la force [2]. Il en résulte que les atomes, dernière conclusion de la chimie, et l'éther, dernière conclusion de la physique, sont substantiellement similaires, bien, que constituant deux degrés distincts, deux valeurs inégales de la même activité originelle. Toutes ces énergies physico-chimiques aussi bien que les énergies analogues de la vie n'apparaissent à nous, à de rares exceptions près, que revêtues de cet uniforme qu'on appelle la matière. One seule de ces énergies se montre dépouillée de ce vêtement et nue. Elle domine toutes les autres, parce qu'elle les connaît toutes, sans que celles-ci le sachent. Elle n'est pas seulement puissance, mais encore conscience. C'est l'âme. Comment la définir autrement que la force en sa plus pure essence, puisque nous la contemplons comme un marbre antique, dans une superbe nudité, qui est aussi une beauté radieuse ?

Que l'on considère la matière la plus grossière, pesante et sensible, ou cette matière plus subtile, plus vive, plus active, qu'on appelle éther, ou encore le principe spirituel qui est l'énergie dans sa simplicité, on n'a donc toujours en face de soi que des collections harmonieuses de forces, des activités symétriques, des puissances ordonnées et plus ou moins conscientes du rôle qu'elles jouent dans le concert infini dont le Créateur a écrit la musique splendide. Faisons abstraction pour un moment de la variété des groupements qui déterminent la hiérarchie et les aspects multiples de ces forces, il ne restera plus comme principes constitutifs de la trame de l'univers, comme ingrédients irréductibles et primordiaux du monde, que des points dynamiques, des monades.

Le terme de l'analyse rigoureuse des phénomènes est en définitive la conception d'une infinité de centres de forces similaires et inétendus, d'énergies sans figures, simples et éternelles. On demande ce que sont ces forces, et on prétend qu'il est impossible de les distinguer du mouvement. La force se conçoit, mais ne s'imagine point. Ce qu'on en peut dire de plus clair et de plus vrai, c'est qu'elle est une énergie analogue à celle dont nous sentons au plus profond de nous-mêmes la constante et indéniable présence. « La seule force dont nous ayons conscience, dit M. Henri Sainte-Claire Deville, c'est la volonté. » Notre âme, qui nous donne la conscience de la force, en est aussi le type en ce sens que nous sommes impérieusement contraints, si nous voulons pénétrer dans les mécanismes élémentaires du monde, d'en comparer les activités primitives à la seule activité dont nous ayons une intuition et une connaissance immédiates, c'est-à-dire à ce ressort admirable, tant la spontanéité en est sûre, qui nous permet à chaque instant de créer et en même temps de régler le mouvement.

Le mouvement peut servir à mesurer, non à expliquer la force. Il est aussi subordonné à celle-ci que la parole l'est à la pensée. En effet, le mouvement n'est autre chose que la suite des positions successives d'un corps dans différents points de l'espace. La force au contraire est la tendance, la tension qui détermine ce corps à passer continuellement de l'un à l'autre de ces points, c'est-à-dire la puissance par laquelle ce corps, considéré en un moment quelconque de sa course, diffère d'un corps identique en repos. Évidemment ce quelque chose qui est dans l'un de ces deux corps et qui n'est pas dans l'autre, ce quelque chose que les mathématiciens appellent la quantité de mouvement, et qui se transforme, si le mobile vient à s'arrêter brusquement, en une certaine quantité de chaleur, ce quelque chose est une réalité distincte de la trajectoire elle-même, et cependant rien, absolument rien, en dehors de la révélation intérieure de notre âme, ne nous donne le moyen de comprendre ce que peut être cette raison initiale des vertus motrices. L'illustre fondateur de la théorie mécanique de la chaleur, Robert Mayer, définit la force : tout ce qui peut être converti en mouvement. Aucune formule n'exprime aussi bien le fait de l'indépendance et de la prééminence de la force, et ne renferme un aussi ferme aveu de la réalité essentielle d'une cause préexistante de mouvement. L'idée de force est une de ces formes élémentaires de penser à laquelle nous ne pouvons-nous soustraire parce qu'elle est la conclusion nécessaire, le résidu fixe et indestructible de l'analyse du monde dans le creuset de notre esprit. L'âme ne la découvre point par des raisonnements discursifs, et ne se la démontre point à elle-même par voie de théorème ou d'expérience, elle la constate, elle y adhère par une naturelle et invincible affinité. Il faut dire de la force ce que Pascal disait de certaines notions fondamentales du même ordre : « En poussant les recherches de plus en plus, on arrive nécessairement à des mots primitifs qu'on ne peut plus définir, ou à des principes si clairs qu'on n'en trouve plus qui le soient davantage. » Quand on est arrivé à ces principes, il ne reste plus qu'à se contempler soi-même dans un recueillement profond, sans vouloir donner une image à des choses dont l'essence est de ne pouvoir être imaginées. Au point de vue le plus général et le plus abstrait, la matière est donc tout à la fois forme et force, c'est-à-dire qu'il n'y a pas de différence essentielle entre ces deux modes de la substance, La forme n'est que de la force circonscrite, condensée, La force n'est que de la forme indéfinie, diffuse, Tel est le résultat net des investigations méthodiques de la science moderne, et qui s'impose à l'esprit en dehors de toute préméditation systématique. Il n'est pas indifférent d'ajouter que le mérite de l'avoir très distinctement formulé et d'en avoir marqué l'importance revient à des philosophes français contemporains, et surtout à MM. Charles Lévêque et Paul Janet [3].

## Section II

Si la trame des choses, si l'essence de la matière est une substance unique, à l'appel et sous le charme de quel Orphée ces matériaux se sont-ils rangés, groupés, diversifiés en natures de tant d'espèces ? Et d'abord comment l'étendue des corps peut-elle provenir d'un assemblage de principes inétendus ? La réponse à cette première question ne nous paraît pas difficile. L'étendue existe antérieurement à la matière. Ce sont deux choses distinctes, sans aucune relation de causalité ou de finalité. La matière ne procède pas plus de l'étendue que l'étendue ne procède de la matière. Cette simple remarque suffit à résoudre la difficulté de concevoir comment la dimension des objets résulte d'un ensemble de points dynamiques qui n'en ont aucune. L'étendue préexistant à tout, il est clair en effet que quand des énergies primitives, s'associent pour donner naissance, par mille complications successives, aux phénomènes et aux corps, ce qu'elles engendrent vraiment est non pas l'apparence extensive, qui n'est que l'ombre de la réalité, mais bien ce faisceau d'activités variées et diverses qui nous servent à caractériser et à définir les phénomènes et les corps.

Que l'étendue soit une apparence et une image plutôt qu'une propriété essentielle et constitutive des corps, c'est ce qui ne fait plus aujourd'hui l'objet d'aucun doute pour les savants qui sont sortis de l'empirisme. L'étendue des corps est un phénomène qui naît du conflit de la force avec notre esprit. M. Ch. de Rémusat en a donné dès 1842 une première et remarquable démonstration. D'après lui, la force est la cause de l'étendue, c'est-à-dire la sensation de l'étendue est une modification de notre sensibilité, déterminée par des forces analogues à celles qui produisent des sensations d'un ordre plus complexe. Quand vous éprouvez une commotion électrique, vous êtes frappé. La percussion, c'est la sensation d'un contact, en d'autres termes, de l'impulsion de quelque chose d'étendu. Or dans cet exemple, dit M. de Rémusat, la cause de la percussion, l'électricité, n'a pas d'étendue. Donc, ajoute-t-il, ou l'électricité n'est rien, ou elle est une force qui nous affecte d'une façon comparable à l'étendue. Une force dénuée des apparences ordinaires de l'étendue peut donc produire sur nous les effets d'un solide en mouvement [4]. Dans ces dernières années, un profond métaphysicien, M. Magy, a fait voir par des arguments nouveaux que l'étendue corporelle n'est qu'une image qui naît de la réaction interne de l'âme contre l'impression sensorielle et que l'âme transfère aux corps extérieurs par une loi analogue à celle qui lui fait localiser dans chaque organe des sens l'impression que cependant elle n'a pu percevoir que dans le cerveau. Toute sensation de saveur, d'odeur, de lumière ou de son est un phénomène de réaction psychologique qui se produit dans l'âme quand elle est sollicitée avec une certaine énergie par l'action nerveuse, laquelle à son tour dépend d'une action extérieure ; mais il n'y a aucun rapport de ressemblance entre celle-ci et la sensation qu'elle détermine. L'éther, qui, en vibrant à l'unisson des éléments de notre rétine, provoque en nous des sensations lumineuses, n'a par lui-même rien de lumineux. La preuve, c'est que deux rayons de lumière qui se rencontrent dans certaines conditions peuvent s'annuler mutuellement et produire de l'obscurité. Or, d'après M. Magy, la subjectivité de l'étendue est du même ordre que celle de la lumière. L'étendue en général s'explique par des raisons purement dynamiques, aussi aisément que l'étendue particulière qui sert en quelque sorte de support aux phénomènes lumineux, lesquels résultent manifestement de la vibration des principes inétendus. M. Helmholtz, dans ses dernières publications, adopte complètement cette doctrine de l'étendue corporelle.

On voit ainsi qu'il n'y a pas de difficulté à composer l'étendue avec des forces inétendues et les phénomènes d'extension avec des principes d'action ; mais ce n'est que la première partie du problème, et il importe de remonter maintenant de ces forces inétendues, de ces principes d'action aux manifestations plus ou moins complexes qui, décorations éternelles de l'espace, constituent l'univers infini. Imaginons cet univers rempli d'un nombre aussi grand que l'on voudra de principes actifs, identiques les uns aux autres, uniformément répandus dans l'immensité, et par suite en état d'équilibre parfait. Tout sera endormi dans un sommeil absolu, où la forme sans figure et la force sans ressort seront comme si elles n'étaient pas. Entre une substance homogène, immobile et identique à elle-même dans tous les points de l'espace, et le néant, la raison n'aperçoit aucune différence. Dans un pareil système, rien ne pèse, puisqu'il n'y a pas de centre d'attraction ; la chaleur n'y est pas plus possible que la lumière, puisque ces deux formes de l'énergie sont liées à l'existence de systèmes de vibrations inégaux, de milieux diversifiés et de groupements moléculaires variés. *A fortiori* les phénomènes de la vie seront-ils incompatibles avec cette universelle unité de substance, avec cette invariable identité dynamique.

L'existence objective des choses, la réalisation des phénomènes ne peut donc être conçue que comme l'ouvrage d'un certain nombre de différentiations survenant au sein de l'énergie universelle de la matière primitive, qui est le terme de l'analyse du monde. Le mouvement à lui seul suffit à expliquer un premier attribut de cette énergie, à savoir la résistance et par suite l'impénétrabilité, mais à la condition que ce mouvement se fera dans des directions variées [5]. Deux énergies dirigées en sens contraire et qui viennent à se rencontrer résistent évidemment l'une à l'autre. Il est probable que ce sont des rencontres de ce genre qui ont déterminé les condensations variables de la matière et les agglomérations hétérogènes dont le monde nous offre le spectacle. Le mouvement de rotation imprimé à une masse sans pesanteur ne peut engendrer que des sphères concentriques, lesquelles gravitent les unes vers les autres par suite de la pression de l'éther interposé. Les expériences célèbres de M. Plateau sont à cet égard décisives. Ce savant physicien introduit de l'huile dans un mélange d'alcool et d'eau ayant exactement la même densité que l'huile elle-même.

Il introduit une tige métallique au sein de cette masse d'huile, qui n'est soumise à l'action d'aucune force, et la fait tourner. L'huile prend la forme d'une sphère, laquelle au moment où la rotation devient très rapide se brise et se divise en un certain nombre de sphères plus petites. Les sphères célestes se sont probablement formées de la même façon, et c'est par un mécanisme identique que se produisent les gouttes limpides de rosée qui brillent comme des diamants sur les feuilles des plantes.

Tous les phénomènes physiques, quelle qu'en soit la nature, ne sont au fond que les manifestations d'un seul et même agent primordial. On ne saurait plus méconnaître, dit expressément Sénarmont, cette conclusion générale de toutes les découvertes modernes, quoiqu'il soit impossible encore d'en formuler nettement les lois et les particularités conditionnelles. Si cela est vrai, et nous espérons avoir démontré qu'il en est ainsi, il est clair que les particularités conditionnelles dont parle Sénarmont, c'est-à-dire les manifestations variées de l'agent unique auquel il fait allusion, ne peuvent tenir qu'à des différences dans les mouvements qui l'animent. Or l'existence même de ces différences implique nécessairement une cause ordonnatrice et régulatrice ; mais combien plus une cause pareille devient nécessaire dans les phénomènes chimiques, qui nous montrent tant de complications émanées de l'énergie primitive à laquelle tout se ramène en dernière analyse ! On a vu que la variété des énergies stables et homogènes connues sous le nom de corps simples, et dont le nombre s'élève aujourd'hui à une soixantaine, dépendait de la variété des vibrations qu'exécute chacun « de ces petits momies. Voilà une première intervention d'un principe de différence. Ce principe ne détermine pas seulement la multiplicité des corps simples, il agit dans un même élément avec une telle Intensité que ce même élément peut revêtir des propriétés et des attributs fort dissemblables. Quoi de plus hétérogène que le diamant et le charbon, le phosphore ordinaire et de phosphore amorphe ? Cependant le diamant et le charbon sont chimiquement identiques, de même pour le phosphore ordinaire et le phosphore amorphe. Ces cas d'isomérie, dont le nombre est considérable, témoignent avec la dernière évidence de l'extrême variabilité dont les groupements de la force sont susceptibles. Quand on voit les mêmes éléments, unis dans les mêmes proportions de poids, donner lieu tantôt à des matières innocentes, tantôt à des poisons terribles, engendrer dans un cas des produits incolores ou pâles, dans l'autre des couleurs brillantes, on acquiert la conviction que l'étoffe primordiale est peu de chose à côté de la puissance du tisserand qui en arrange des fils, et qui sait d'avance quelle sera la physionomie de la trame. D'ailleurs le principe formel n'éclate pas que dans l'ensemble, il éclate aussi dans les éléments considérés manuellement, puisque chacun de ceux-ci manifeste des tendances, des affinités électives, qui attestent un obscur instinct de l'harmonie finale.

Non-seulement il y a une variété prodigieuse dans l'arrangement des atomes qui constituent les molécules et dans la disposition des molécules entre elles, mais encore cet arrangement est soumis aux lois d'une admirable géométrie. Les atomes qui constituent les molécules n'y sont point tassés et confondus sans règle et sans ordre ; ils n'y entrent que dans de certaines proportions et dans de certaines directions. M. Marc-Antoine Gandin a établi dans un ouvrage récent, qui traite spécialement de ces questions délicates, quelques-unes des lois les plus importantes de la géométrie des atomes. Cet ingénieux et persévérant auteur y démontre que toutes les molécules chimiques, qu'elles soient aptes ou non à engendrer des cristaux, sont formées par une agrégation symétrique d'atomes. Ces derniers se disposent en équilibre dans deux directions perpendiculaires entre elles, l'une parallèle à l'axe du groupement et l'autre perpendiculaire à cet axe de façon à constituer toujours une figure symétrique. Les corps les plus compliqués, dès l'instant où ils sont soumis à la loi des proportions définies et constituent des espèces chimiques, sont composés de molécules où les atomes sont groupés en prismes, en pyramides, bref en polyèdres plus ou moins multiples, mais constamment d'une parfaite régularité. La différentiation est donc ici déterminée avec une harmonie merveilleuse.

Il faut franchir maintenant un nouvel échelon et passer de la matière inorganique à la matière vivante. Qu'est-ce qui distingue la seconde de la première ? Lorsqu'on prétend s'en tenir aux résultats de l'expérience immédiate, rien de plus aisé que d'établir les caractères différentiels de la matière vivante. D'abord elle est organisée, c'est-à-dire que les éléments anatomiques, au lieu d'être homogènes et symétriques dans tous les points de leur masse, sont constitués par l'association d'un certain nombre de substances diverses où le carbone prédomine, et qu'on appelle des principes immédiats organiques [6]. Ensuite ces éléments se nourrissent. Jamais identiques à eux-mêmes quant à la substance qui les compose, ils sont dans un état d'incessant renouvellement moléculaire, de permanente métamorphose, d'assimilation et de désassimilation simultanées et constantes. Les propriétés diverses que ces éléments peuvent manifester (contractilité, névrilité, etc.) sont enfin, par suite de l'état de nutrition qui les caractérise, dans un état d'équilibre tellement instable que la moindre variation du milieu ambiant suffit à déterminer quelque changement dans l'expression de leur activité ; en d'autres termes, elles sont d'une excitabilité, d'une irritabilité excessives. Tel est du moins le domaine dans lequel est enfermée la physiologie ; mais ce qu'elle ne constate pas assez, et ce qui pourtant est le trait distinctif de la vie, c'est l'appétition harmonique de toutes les monades vitales, la tendance des énergies biologiques à constituer les groupements dont la fin et la raison se trouvent dans ce qu'on appelle l'individu. Les différentiations de la matière inorganique se réalisent dans des molécules qui sont spécifiques, sous quelque masse qu'on les considère. Les différentiations de la matière vivante ne se réalisent que dans des individus dont l'architecture et les proportions sont rigoureusement déterminées. Une barre de fer, un cristal de fer et de la poussière de fer sont toujours du fer. Une substance organique apte à la vie n'est rien tant qu'elle est destituée de connexion avec un organisme. Elle ne peut manifester son activité, elle ne peut agir, c'est-à-dire être, en tant que substance vivante, qu'autant qu'elle a pris place et rang dans un certain ensemble, et contracté certaines solidarités avec d'autres substances plus ou moins analogues. Par elle-même, elle ne se distingue point essentiellement de la matière brute. Elle ne reçoit l'investiture et la dignité du rôle vital que du moment où elle est élue dans l'assemblée dont toutes les démarches tendent vers un même but, qui est le fonctionnement de l'organisme et la perpétuité de l'espèce.

Ce qui se passe dans l'ovule est une image réduite de ce qui se passe dans l'univers. Les différentiations qui s'accomplissent dans cette goutte muqueuse sont une copie des différentiations qui se déploient et se déroulent dans l'océan du monde. C'est tout d'abord une masse microscopique, homogène, uniforme dans toutes ses parties, une collection d'énergies identiques les unes aux autres, et dont l'ensemble ne se distingue pas sensiblement d'une goutte de gélatine qui pendrait imperceptible à la pointe d'une aiguille. Cependant bientôt un mouvement sourd agite spontanément ces atomes presque inertes, et ce mouvement se traduit par une première condensation de la matière ovulaire ou vitelline, qui est la vésicule germinative. Celle-ci disparaît, mais en même temps de nouvelles vibrations disposent les molécules de ce microcosme diaphane et amorphe selon des groupements plus complexes. La substance vitelline se gonfle vers la périphérie, où elle constitue les globules polaires, tandis qu'au centre elle se concrète pour donner naissance au noyau vitellin. Celui-ci à son tour se partage, se segmente en un grand nombre de noyaux secondaires, autour de chacun desquels la masse ovulaire se répartit en se contractant. Au lieu d'une seule cellule, l'ovule, qui a grandi, se trouve en contenir maintenant un grand nombre. Ces cellules dites blastodermiques tendent alors à se disposer en deux couches, en deux feuillets adossés, au sein desquels apparaissent et se développent peu à peu les éléments de l'embryon, conformément à un processus où les forces devenues formes vont engendrant et multipliant sans cesse de nouvelles forces et de nouvelles formes.

Or les séparations, les distributions, les ordinations, les hiérarchies, les harmonies qui s'établissent dans l'ovule pour constituer peu à peu l'édifice de l'embryon, révèlent un principe de différentiation analogue à celui qui, de la masse confuse des énergies cosmiques, a fait sortir la variété infinie des spectacles actuels. Il y a, comme beaucoup de biologistes l'avaient pressenti et comme a eu la gloire de l'établir définitivement M. Coste dans un ouvrage qui est un des plus beaux monuments scientifiques de ce siècle, il y a une force qui réalise, dirige, anime les formes de la matière organisée dans l'œuf. Tous les œufs se ressemblent à l'origine. Il y a, entre ceux qui donneront un ton et ceux qui donneront Une souris, similitude absolue de structure et de substance. La forme est identique, quoique l'avenir de cette forme soit différent. C'est que, comme le dit très-bien M. Coste, « sous cette forme et au-delà de ce que l'œil saisit, il y a quelque chose que l'œil ne peut atteindre et qui renferme en soi la raison suffisante de toutes les différences que l'unité de configuration nous dissimule, différences qui plus tard seulement se trouveront visibles [7]. » Cette idée directrice, que M. Coste a mise en lumière et qui est acceptée aujourd'hui par tous les physiologistes, procède aussi peu des énergies élémentaires de la nutrition que le tableau du peintre des couleurs de sa palette. Cependant rien dans l'ovule n'en trahit la secrète et puissante virtualité. M. Claude Bernard, qui a reproduit à ce sujet les idées de M. Coste, insiste beaucoup sur la force ordonnatrice qui est dans l'œuf, et les savants qui, comme M. Robin, n'admettent pas cette force en tant qu'agissant sur l'ensemble des éléments de l'embryon la considèrent du moins comme divisée, répartie et agissant dans chacun de ces éléments, ce qui au fond est identique. On voit en tout cas qu'il y a, au plus profond et dès l'ébauche la plus rudimentaire de l'être organisé, le concept défini et assuré des différences électives et des solidarités synergiques dont le système constituera l'individu. Le coefficient différentiel de la matière organisée est donc d'un ordre plus élevé que celui de la matière minérale. C'est ce qui ressort, avec une évidence particulière, de l'impuissance chaque jour plus manifeste de la science expérimentale à convertir en énergies d'ordre vital les activités physicochimiques. Quand même cette conversion pourrait être réalisée, et il n'est pas métaphysiquement impossible qu'elle le soit, l'existence d'un principe spirituel de différentiation n'en serait nullement ébranlée. Jusqu'ici du moins elle paraît hors de la portée des hommes.

Ce qui échappe bien plus encore à leur industrie et ce qui leur commande en même temps la plus profonde admiration, c'est ce degré suprême à la fois de complication et d'épuration de l'énergie qui est l'âme. La pensée humaine est le résumé de toutes les énergies de la nature, puisqu'elle les assimile toutes, en les distinguant, par le travail qu'elle opère sur les sensations. Les sensations sont à la pensée ce que les aliments sont à la nutrition. La nutrition n'est pas un résultat de l'alimentation ; la pensée n'est pas un résultat des sensations. L'une, en façonnant les organes vivants, détermine la différentiation des formes concrètes de la substance de l'individu ; l'autre, en façonnant les idées générales, détermine la différentiation des forces abstraites du monde. C'est ainsi que l'énergie pensante est aussi supérieure aux sensations que l'énergie nutritive l'est elle-même aux aliments. On pourrait, dans un autre ordre, comparer l'âme à un papier couvert de caractères tracés avec cette encre qu'on appelle sympathique. A la température ordinaire, ces caractères sont invisibles ; mais sitôt qu'on les approche du feu, ils apparaissent avec une belle couleur. De même l'âme a en soi des traits obscurs et des figures confuses que la sensation colore et fait resplendir. On a vu que dans cette goutte muqueuse, d'un dixième de millimètre de diamètre, qu'on appelle l'ovule, sont endormies et enchaînées les forces et les tendances de toute la vie nutritive et intellectuelle de l'homme. Semblablement dans cette énergie sans figure et sans étendue qui est l'âme réside un exemplaire en miniature de l'univers entier, et, par je ne sais quelle grâce de Dieu, comme un songe de ce Dieu lui-même ! La pensée consiste à reconnaître tous les détails de cette miniature et à en découvrir la signification. Ainsi ce qui fait toute la réalité des choses matérielles, c'est la forme, et la forme, telle qu'elle nous apparaît dans le monde, est à la fois un principe de différentiation et un principe d'harmonie, c'est-à-dire l'ouvrage d'une intelligence. Le corps et le mouvement sont de purs phénomènes. Le premier n'est qu'une image de la substance, le second une image de l'action ; mais substance et action ne sont l'une et l'autre que des effets de la force intelligente, c'est-à-dire de l'activité qui agit en vue d'un résultat. Seulement cette activité présente des degrés infiniment variés de concentration, et l'on peut dire, avec M. Maudsley : un équivalent de force chimique correspond à plusieurs équivalents de force inférieure, et un équivalent de force vitale à plusieurs équivalents de force chimique. C'est ainsi que la science moderne délie le nœud gordien de la constitution de la matière.

## Section III

Une première vue du monde, exclusivement analytique, nous a conduits à une première et indéniable certitude, l'existence d'un principe d'énergie et de mouvement. Une seconde vue de l'univers, exclusivement synthétique, nous conduit, comme on vient de le voir, à une seconde certitude qui est l'existence d'un principe de différentiation et d'harmonie. Ce principe, c'est ce qu'on appelle l'esprit. Ainsi l'esprit n'est pas la substance, mais il est la loi de la substance. Il n'est pas la force, mais il est le révélateur de la force. Il n'est pas la vie, mais il fait valoir la vie. Il n'est pas la pensée, mais il est la conscience de la pensée. Un célèbre savant anglais, M. Carpenter, l'a dit récemment avec une larme netteté : *l'esprit est la seule et unique source de puissance*. Bref, il n'est pas la réalité, mais c'est en lui et par lui que les réalités se déterminent, se différencient, et, par suite, existent. Au lieu de dire que l'esprit est une propriété de la matière, il faut dire que la matière est une propriété de l'esprit, De tous les attributs de la matière, il n'en est en effet pas un, non, pas un seul, qui ne lui sont conféré par l'esprit. La véritable explication, la seule philosophie de la nature est donc une sorte de dynamisme spiritualiste, bien différent du matérialisme ou du mécanisme de certaines écoles contemporaines.

Le matérialisme est faux et incomplet parce qu'il s'arrête aux atomes, dans lesquels il localise des propriétés dont ces atomes ne fournissent aucune raison, et parce qu'il méconnaît la force et l'esprit, qui sont le seul moyen pour nous, étant donnée la structure de notre âme, de concevoir l'activité et la phénoménalité des êtres. Il est faux et incomplet parce qu'il s'arrête en chemin et considère comme simples et irréductibles des facteurs composés et réductibles ; il est faux et incomplet parce qu'il prétend représenter le monde par des images sans essayer d'interpréter la production de ces images. Bref, il voit la cause de la diversité où elle n'est pas, et ne la voit pas où elle est. La source des différentiations ne peut être dans l'énergie elle-même ; il faut qu'elle soit dans un principe distinct de cette énergie, dans une volonté et une conscience supérieures, dont nous n'avons sans doute qu'une obscure et imparfaite idée, mais dont nous pouvons cependant affirmer qu'elles ont quelque analogie avec la lumière intérieure qui est en nous, que nous projetons hors de nous, et qui nous révèle, par son contact mystérieux avec l'extérieur, l'ordre infini du monde [8].

Le danger du matérialisme n'est point, comme on incline parfois à le croire, de corrompre les mœurs en abaissant l'âme. On a trop souvent abusé contre ce système de l'apparente facilité avec laquelle ceux qui le professent sont convaincus de couper à sa racine le principe même de la moralité et du devoir. L'histoire prouve, par de trop néfastes exemples, que la sauvageries la licence ne sont le privilège d'aucune secte philosophique. Les vrais ennemis de la société ont été de tout temps et seront toujours les ignorants et les fanatiques, et il faut bien reconnaître que, s'il en existe au sein du matérialisme, il s'en trouve aussi en dehors. Le péril de la doctrine qui, renversant le rapport naturel des choses, affirme que l'esprit est un produit de la matière tandis que la matière est un produit de l'esprit, le péril est ailleurs : le matérialisme est funeste au développement des sciences expérimentales elles-mêmes. Si l'exemple des hommes de génie pouvait être invoqué en pareil cas, de quelle éloquence ne serait point le témoignage des deux plus grands physiciens de ce siècle, Ampère et Faraday, tous deux si ardemment convaincus, si religieusement épris de la réalité du monde invisible ? mais il y a d'autres arguments. « Tout ce que nous voyons du monde, dit Pascal, n'est qu'un trait imperceptible dans l'ample sein de la nature. » La prétention de l'empirisme est de condamner l'homme à la vision immobile et obstinée de ce trait. Quelle misère ! L'histoire entière du développement des sciences prouve que les découvertes importantes procèdent toutes d'un sentiment opposé, qui est celui de la continuité des forces en dehors des limites de l'observation, et de l'harmonie des rapports, supérieure aux singularités et aux anamorphoses des expériences isolées. Ne pas sortir de ce qui se calcule, se pèse et se démontre, n'en croire que le témoignage et s'enfermer dans la prison des sens, réduire au silence ou dédaigner les suggestions de l'esprit, notre seule vraie lumière, puisqu'il est une étincelle de la flamme qui vivifie tout, c'est, — qu'on le nie ou qu'on l'avoue, — la condition et l'infériorité du matérialisme. La raison seule conçoit la fixité, la généralité et l'universalité des rapports, et tous les savants admettent que la destinée de la science, est d'établir des lois qui aient ces trois caractères ; mais admettre cela, c'est reconnaître implicitement que les détails morcelés, incohérents, imparfaits, relatifs, doivent subir dans le creuset de l'esprit une épuration, une conversion totale d'où ils sortent avec une physionomie et une signification si nouvelles que ce qui auparavant paraissait le plus important est devenu ce qu'il y a de plus accessoire, et que ce qui semblait le plus éphémère a pris rang parmi les choses éternelles.

La conception des atomes date de la plus haute antiquité. Leucippe et Démocrite, les maîtres d'Épicure, enseignaient, plusieurs siècles avant Jésus-Christ, que la matière est composée de corpuscules invisibles, mais indestructibles, dont le nombre est infini comme la grandeur de l'espace dans lequel ils sont répandus. Ces corpuscules sont solides, doués de figure et de mouvement. La diversité de leurs formes détermine la diversité de leurs mouvements et de leurs modes d'agrégation et par suite de leurs caractères. La conception d'un principe qui règle ces diversités, c'est-à-dire d'une intelligence comme cause suprême de différentiation, n'est pas moins ancienne. « Tout était mêlé, dit Anaxagore de Clazomène ; une intelligence survint et ordonna tout. » Platon, après avoir défini la matière un être très difficile à comprendre, lieu éternel, ne périssant jamais et servant de théâtre à tout ce qui commence d'être, ne tombant pas sous les sens, mais perceptible pourtant, et que nous ne faisons qu'entrevoir à travers un songe, nous dit que le suprême ordonnateur « prit cette masse qui s'agitait d'un mouvement sans frein et sans règle, et du désordre fit sortir l'ordre. » Et cette ordination est réalisée conformément aux idées, aux prototypes des choses, dont l'ensemble constitue l'essence divine elle-même. Les activités du monde sont le reflet des idées de Dieu. A ces deux notions fondamentales, l'une de l'atomisme, l'autre de l'idéalisme, Aristote en ajouta une troisième, celle du dynamisme. D'après lui, la matière indéterminée au plus haut degré d'abstraction est sans attribut. Si elle tend toujours à la forme, à l'acte, c'est qu'il y a en elle un principe de puissance, une force. La force est, pour Aristote, le principe de la forme. Celle-ci est substantielle. Voilà toute la philosophie ancienne touchant le monde. La philosophie moderne n'a rien enseigné d'autre. L'atomisme, accru et fortifié par Descartes, à qui Newton l'emprunta, est au fond identique à celui des maîtres d'Épicure. Le dynamisme de Leibniz n'est, de même, qu'une restauration de celui d'Aristote. Et tout comme Descartes et Leibniz reproduisent les vieux maîtres helléniques, la science contemporaine recommence Descartes et Leibniz. Mais quoi ? dira-t-on, toujours se répéter, ne jamais inventer, serait-ce la destinée fatale de la métaphysique ? Doucement ! Ces répétitions enferment un perfectionnement continu. La vérité ancienne s'est maintenue dans sa teneur initiale, mais elle a été constamment éclairée et précisée dans la suite des temps par les efforts heureux du génie spéculatif. L'atomisme grec avait une lacune énorme que Descartes a comblée en inventant l'éther, la plus merveilleuse des créations modernes. Le dynamisme d'Aristote était indéterminé, et Leibniz l'a déterminé en montrant que le type et la source de la force n'est et ne peut être que l'esprit. Il a ramené la notion de puissance à la notion d'âme. Et de nos jours, qu'a-t-on fait ? On a calculé les mouvements, on a pénétré l'industrie de ce subtil éther, on a prouvé l'indestructibilité absolue de l'énergie, on a démontré par des exemples nombreux l'identité fondamentale des vertus appétitives et électives, de la chimie et de la cristallographie, avec celles que révèle la psychologie. L'avenir de la science et de la métaphysique est là Toutes deux suivront dans leur développement futur la même voie qu'elles suivent depuis le premier jour ; elles n'ont jamais, comme Pénélope, détruit le lendemain l'ouvrage de lia veille. Elles ont constamment et progressivement poursuivi le même but, à savoir la conception des principes invisibles et de l'essence idéale des choses. Ce but restera l'objet de leur ambition jamais satisfaite. Au fur et à mesure que nous irons, elles s'attacheront à définir plus clairement et à mettre dans un relief plus saisissant les forces primitives et les activités élémentaires vaguement entrevues dès l'aurore de la pensée. Jamais infidèles à elles-mêmes, elles représenteront toujours, à quelque moment de l'histoire qu'on les examine, l'âme humaine invariable en sa nature, en ses aptitudes et en ses espérances. Qu'elles me se prennent point à considérer avec mélancolie l'œuvre du passé et ne se demandent point s'il en restera un jour quelque chose. Tout en restera, et c'est ce qui fait la consolation et le courage de ceux qui cherchent à accroître la somme des connaissances.

Ce n'est pas seulement avec les inductions les plus hardies et les découvertes les plus brillantes de la science contemporaine aussi bien qu'avec les vérités les plus antiques et les croyances les plus instinctives de l'humanité que s'accordent les conceptions actuelles sur la matière, c'est encore avec les convictions plus hautes, plus chères et non moins légitimes, qui constituent le patrimoine moral et religieux, et la noble prérogative de notre nature. La science la plus avancée ne répudie aucune des traditions et n'élève d'objection contre aucun des grands et durables sentiments des âges passés. Au contraire, elle confère le caractère de la certitude à des vérités jusqu'alors destituées de preuves convenables, et soustrait aux atteintes du scepticisme tout ce qu'il convoitait comme sa proie. Aucune preuve de l'immortalité de l'âme ne vaut celle que nous avons tirée [9] de la simplicité et de l'indestructibilité nécessaires de tous les principes d'énergie. Rien ne dépose en faveur de la majestueuse réalité de Dieu aussi fortement que le spectacle des différentiations harmoniques qui règlent l'ordre infini des forces et déterminent l'unité synergique du monde. C'en est assez pour établir que la grandeur morale et la dignité intellectuelle d'une nation devront toujours être mesurées au degré de l'estime et du crédit dont y jouissent les hautes spéculations métaphysiques et en particulier celles qui ont trait à la constitution de la matière. Spéculer sur la constitution de la matière est le meilleur moyen d'apprendre à connaître l'esprit et de comprendre que tout s'y ramène, parce que tout en dérive.

## Notes

1.    Nous laissons de côté à dessein les forces chimiques, qui ne peuvent être' considérées que comme des attractions, et qui par conséquent ne s'expliquent que par des forces agissant extérieurement à l'atome lui-même.

2.    « Toute théorie mise à part, il serait difficile de trouver dans tous ces mots, dilatation, propagation, radiation, vibration, réflexion, réfraction, attraction, répulsion, polarisation, etc., autre chose que des phénomènes de mouvement. » Ch. de Rémusat, Essais de philosophie, 1842, t. II, De la Matière.

3.    Voyez les études de M. Charles Lévêque, la Nature et la philosophie idéaliste, — Revue du 15 Janvier 1867 ; — l'Atome et l'esprit, — Revue du Ier juin 1869. — Voyez aussi le Matérialisme contemporain, par M, Paul Janet, in-18,1865.

4.    Essais de philosophie, t. II. — De la Matière, p. 281 et suiv.

5.    « Toute relation d'action implique au moins la duplicité. C'est déjà une dissemblance, et il y aurait plus de vérité à dire : il n'y a d'action qu'entre les différents. Il faut au moins une différence de lieu entre les mêmes, et encore, en différant de lieu, les mêmes agissent peu les uns sur les autres. Il faut supposer entre eux des forces contraires pour qu'un tel phénomène s'accomplisse.

En chimie, il n'y a que les différents qui agissent les uns sur les autres. Le spectacle de toute la nature atteste qu'un certain degré de différence entre les corps est nécessaire à l'action des uns sur les autres. » Ch. de Rémusat, Essais de philosophie, t. II, p. 33.

6. « La structure des composés chimiques n'est soumise qu'à la loi mathématique, tandis que, dans la matière organisée, la loi mathématique a été éludée. Dans les germes et dans leurs produits, il existe un manqué de symétrie dans l'axe qui dénote une intention formelle, ou pour mieux dire une toute-puissance créatrice. » Gandin, Architecture du monde des atomes, p. 3.

7. Histoire générale et particulière du développement des êtres organisés, 1847, Introduction, p. 31.

8. « Cette cause, moule ou type de toutes les constitutions des êtres, dit M. de Rémusat dans un écrit célèbre sur la matière, cette nature générale, origine ou principe, de toutes les natures, cette force qui façonne, spécifie, caractérise toutes les sortes d'êtres, ne peut se concevoir comme une propriété constante de l'être, parce que c'est de leur diversité qu'elle doit rendre compte. Là est à mon avis la plus grande preuve de la présence d'une volonté et d'une intelligence exerçant leur pouvoir dans toute la nature.

9. Voyez la Physiologie de la mort, — Revue du 1er avril 1873.

ISBN : 978-1977999245

Fernand Papillon

www.ingramcontent.com/pod-product-compliance
Lightning Source LLC
Chambersburg PA
CBHW050254230526
45470CB00005B/2258